What Is Next?

by Gloria Chen

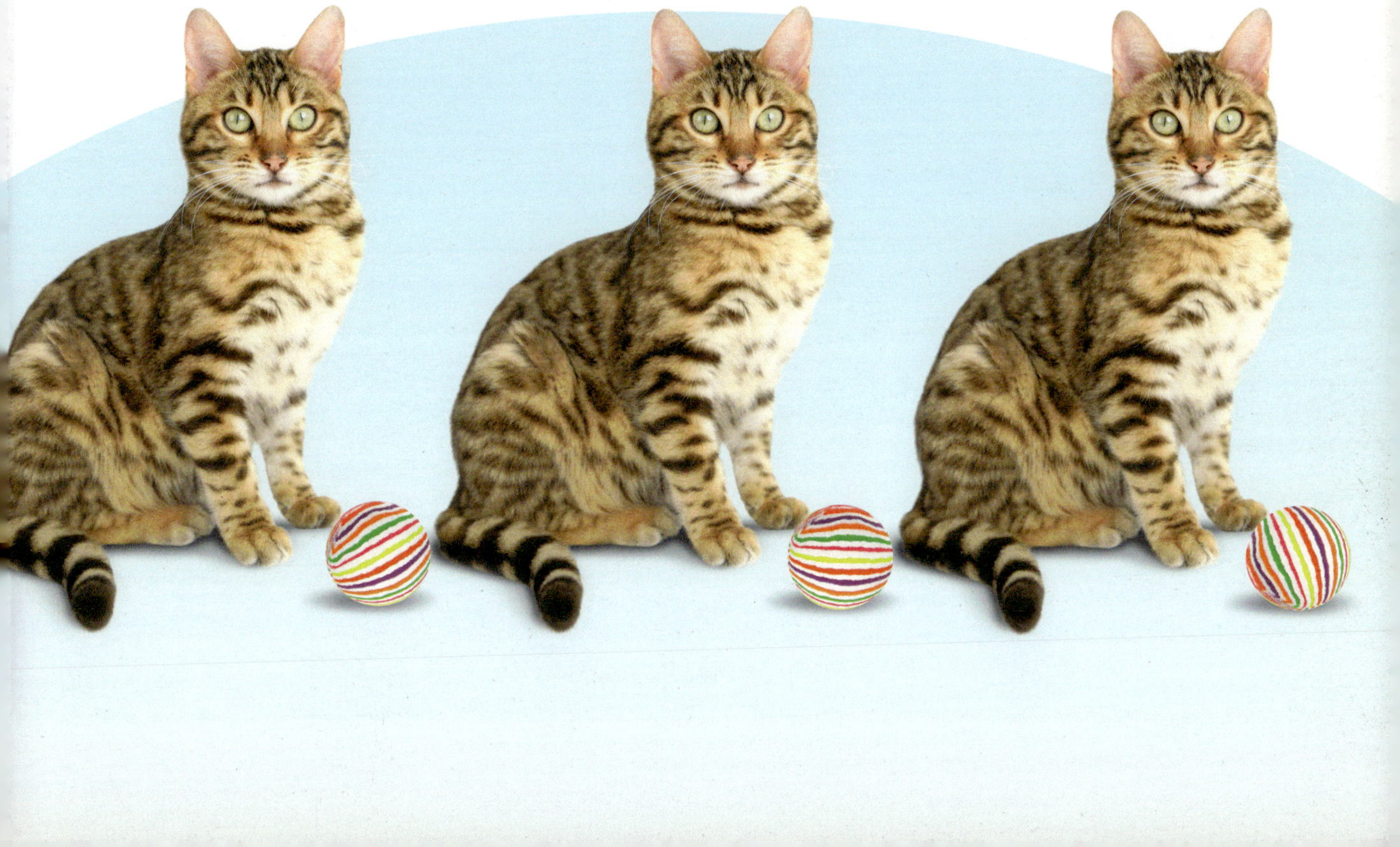

A nut is next.

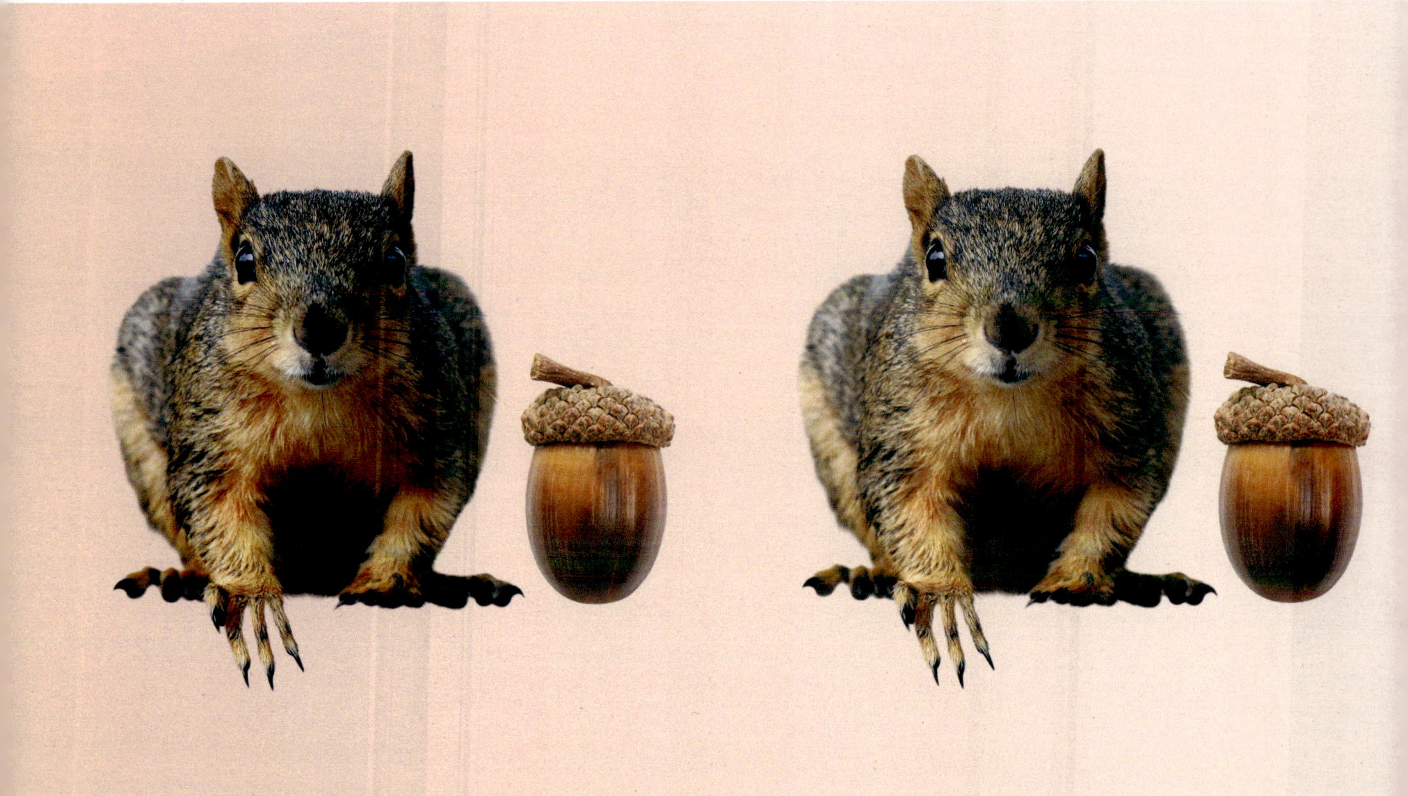

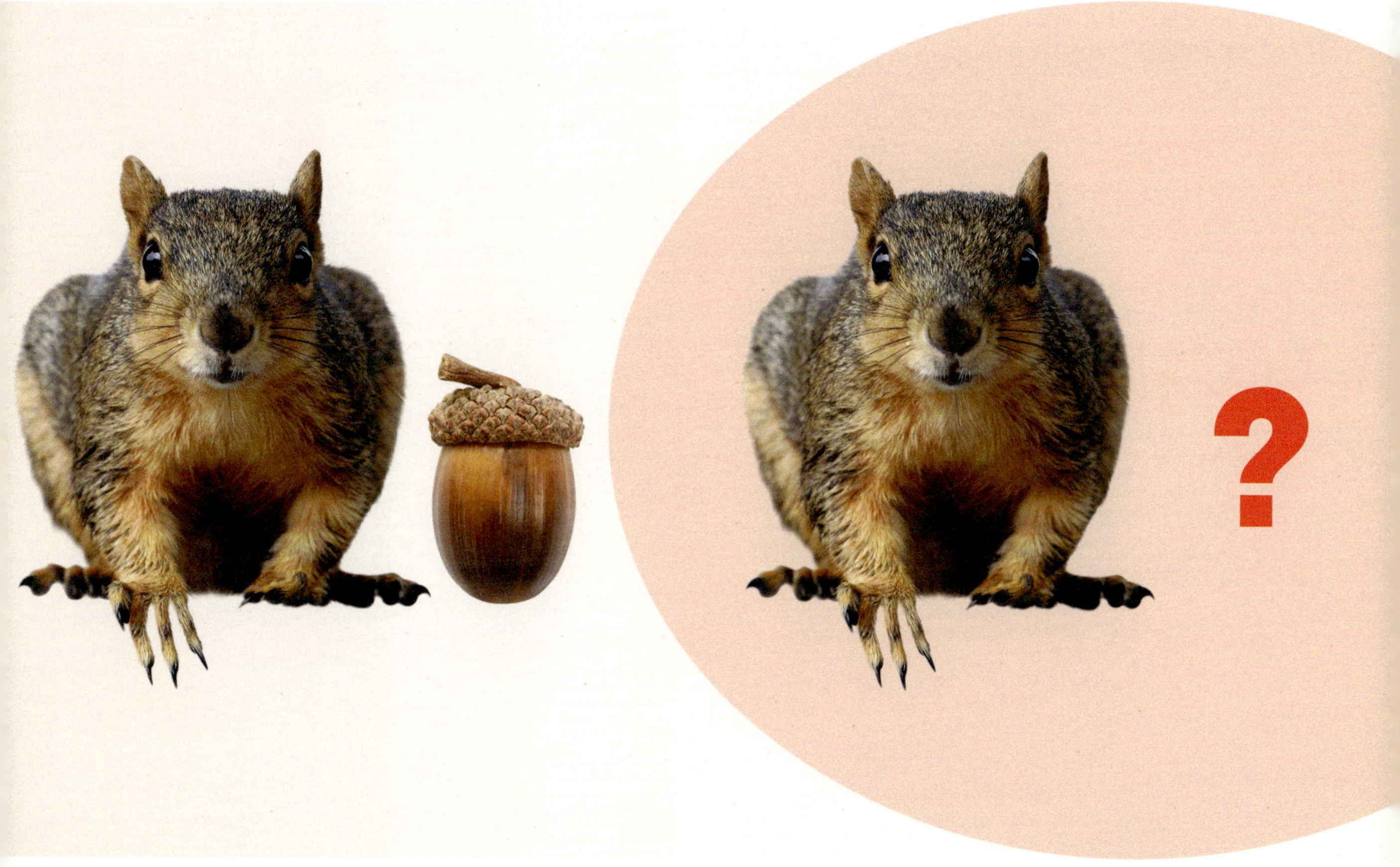

A fish is next.

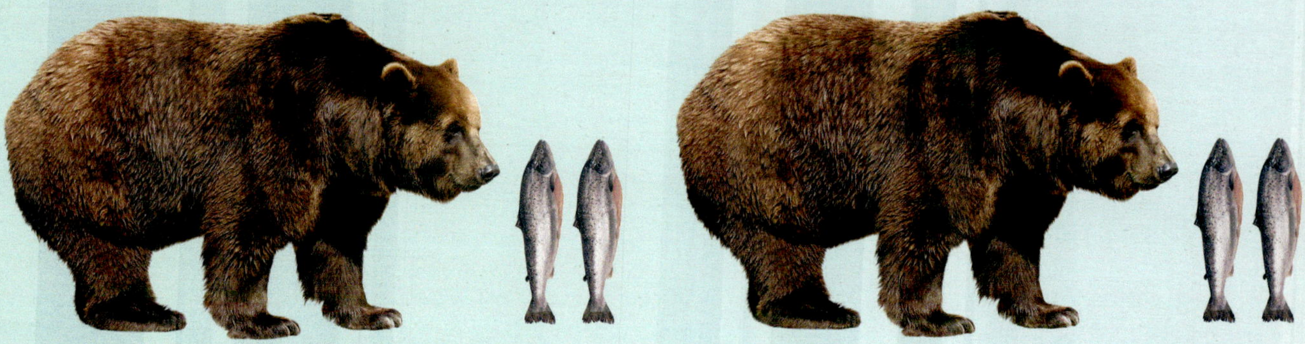

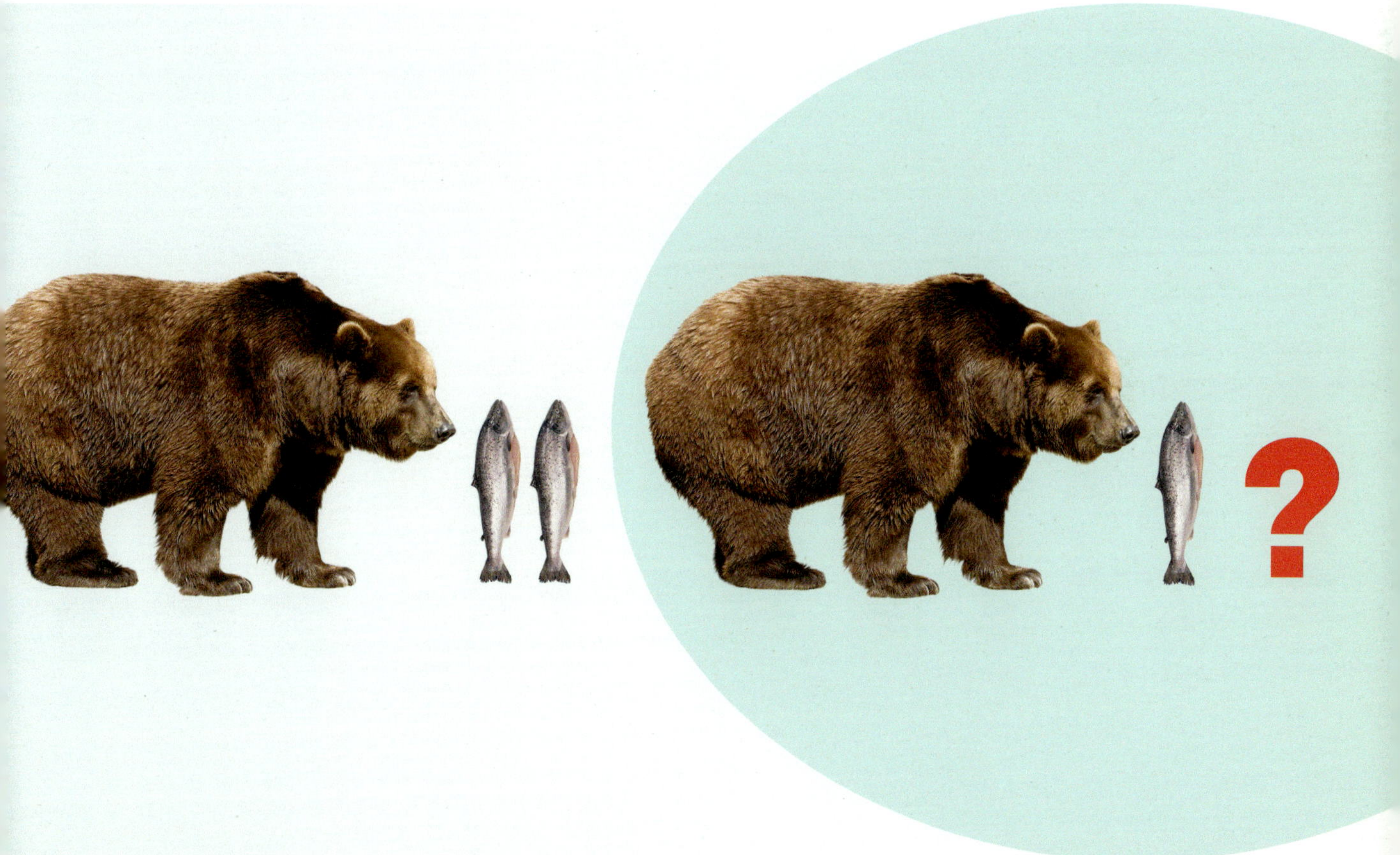

A leaf is next.

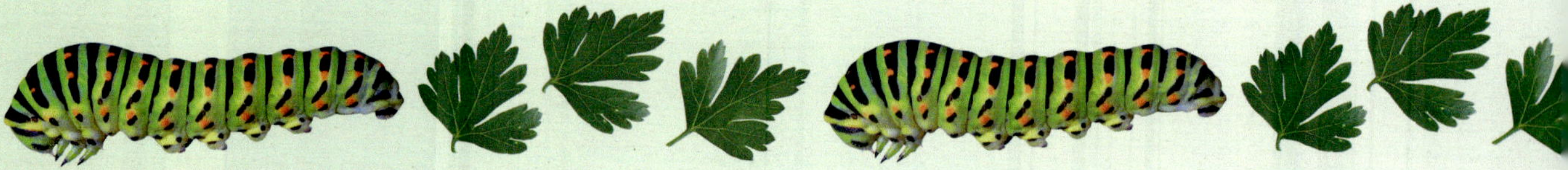

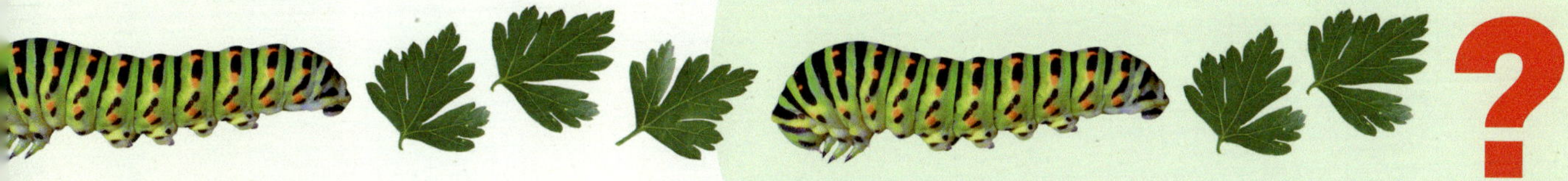

A carrot is next.

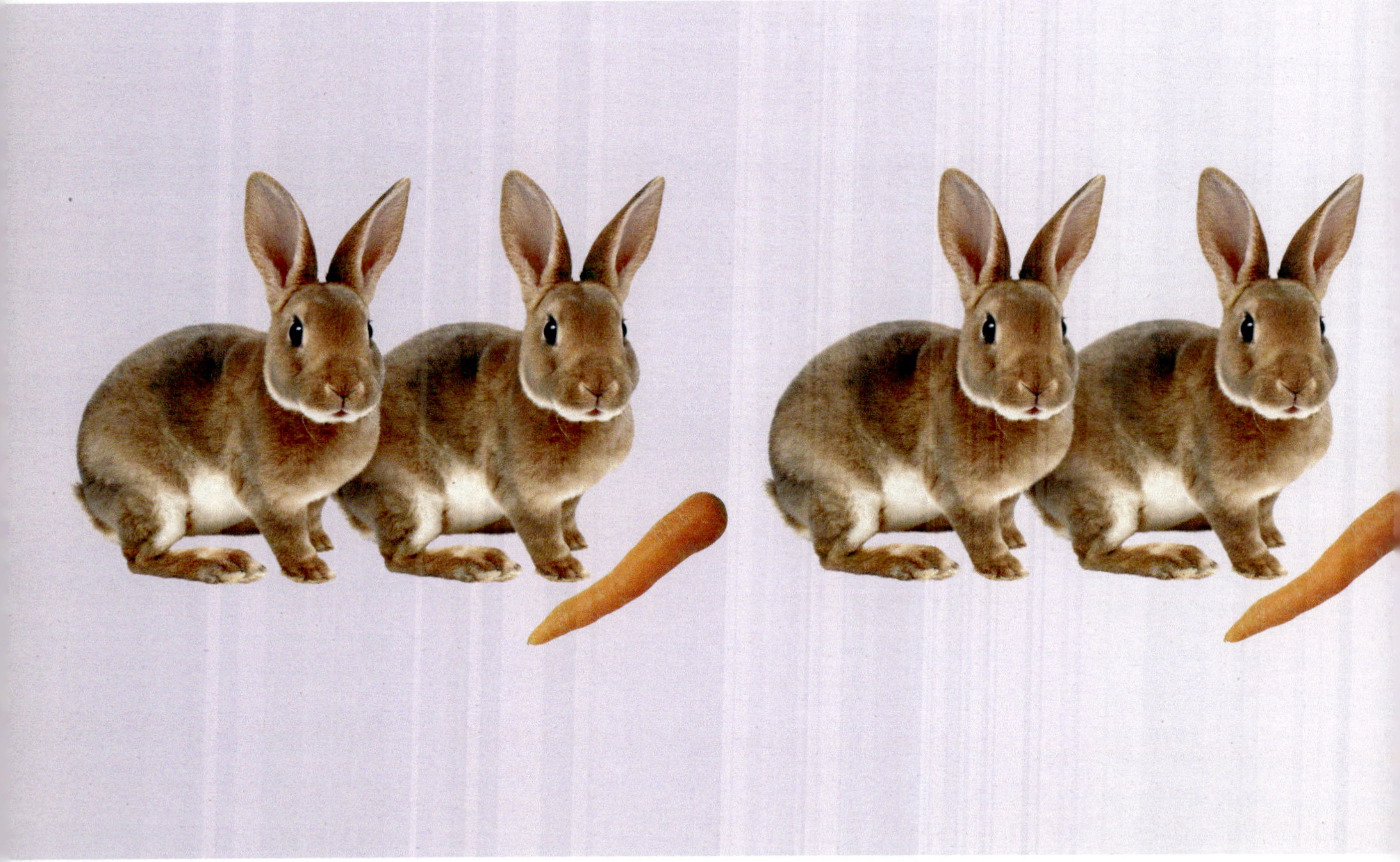

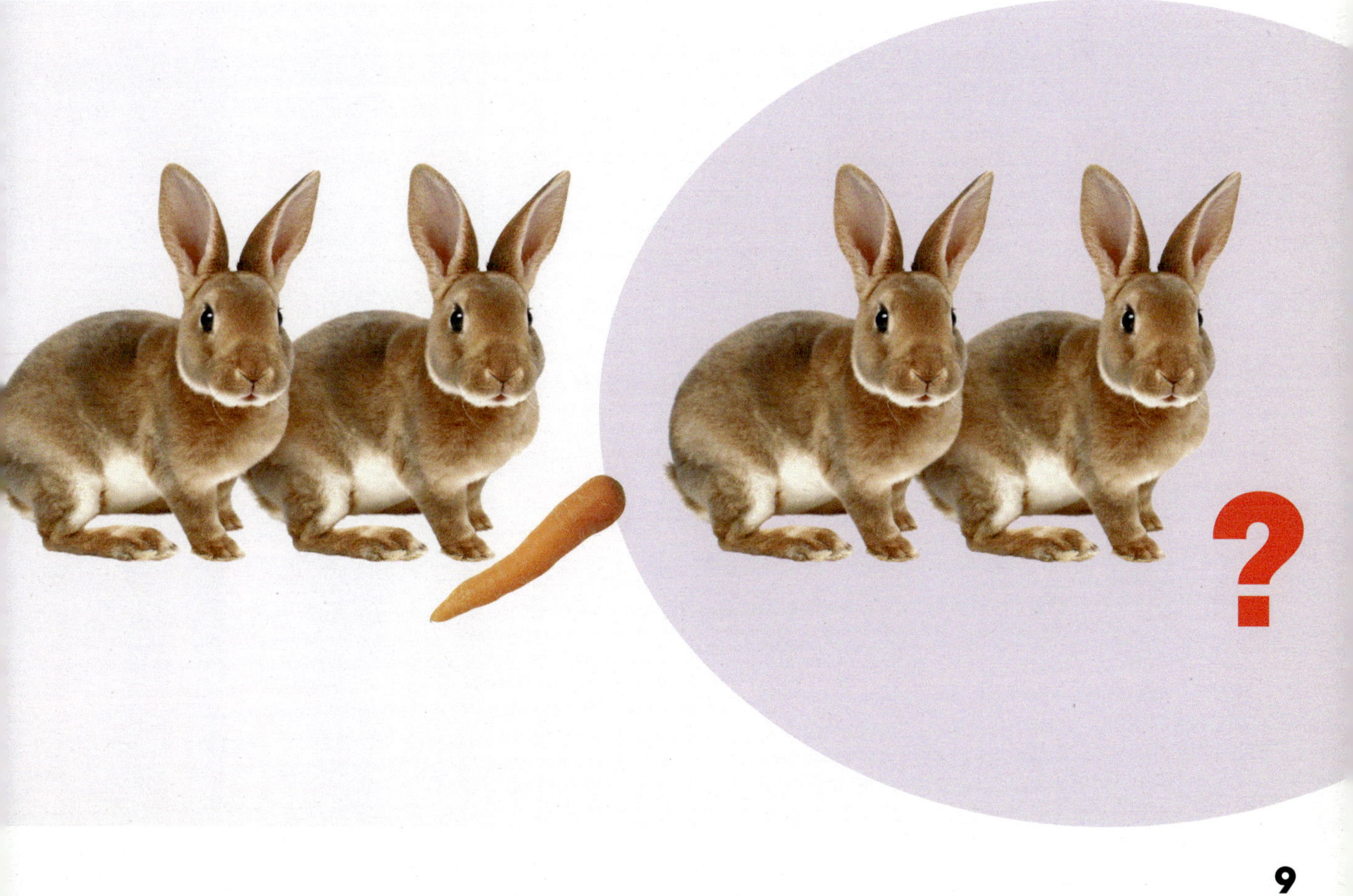

A worm is next.

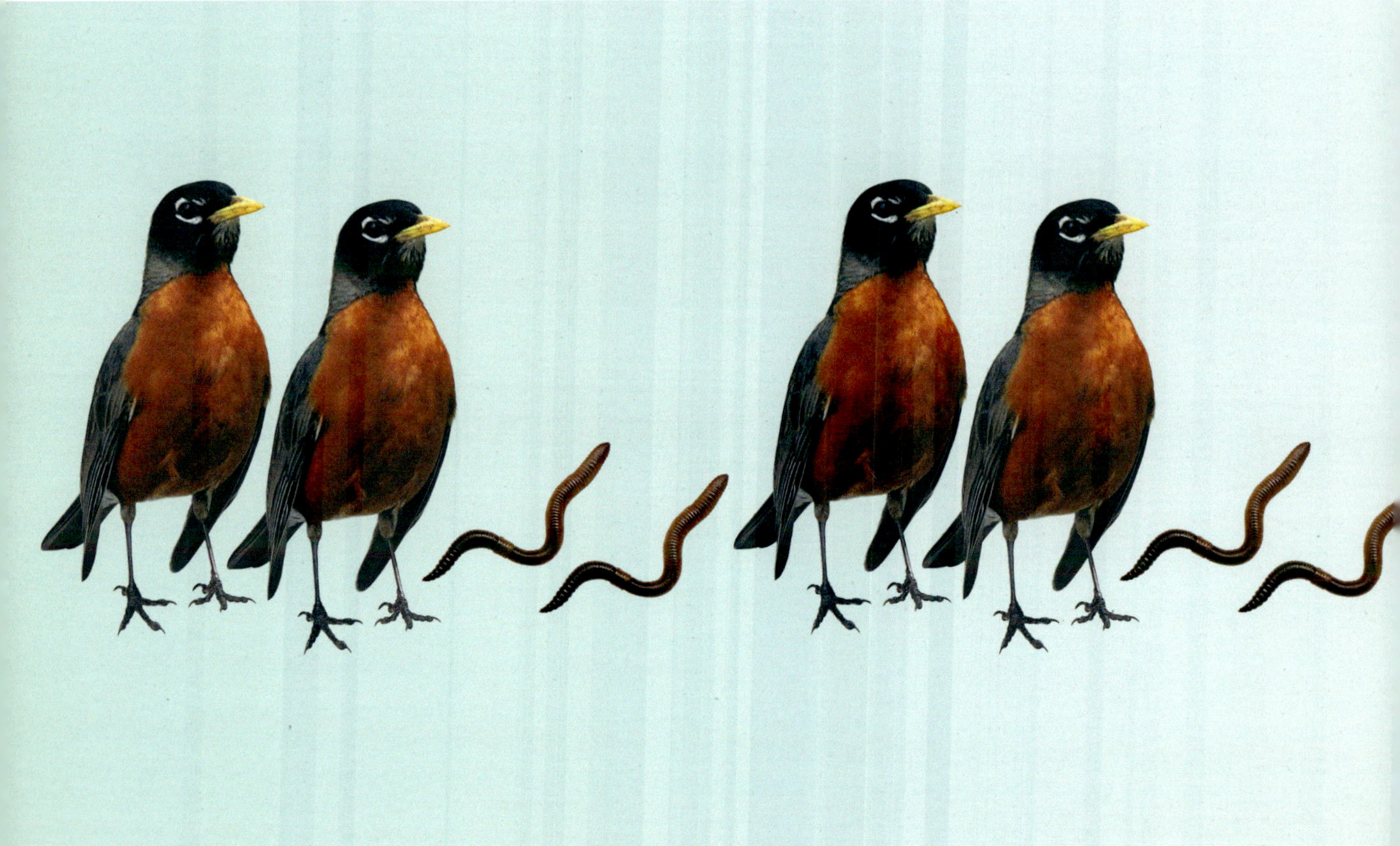

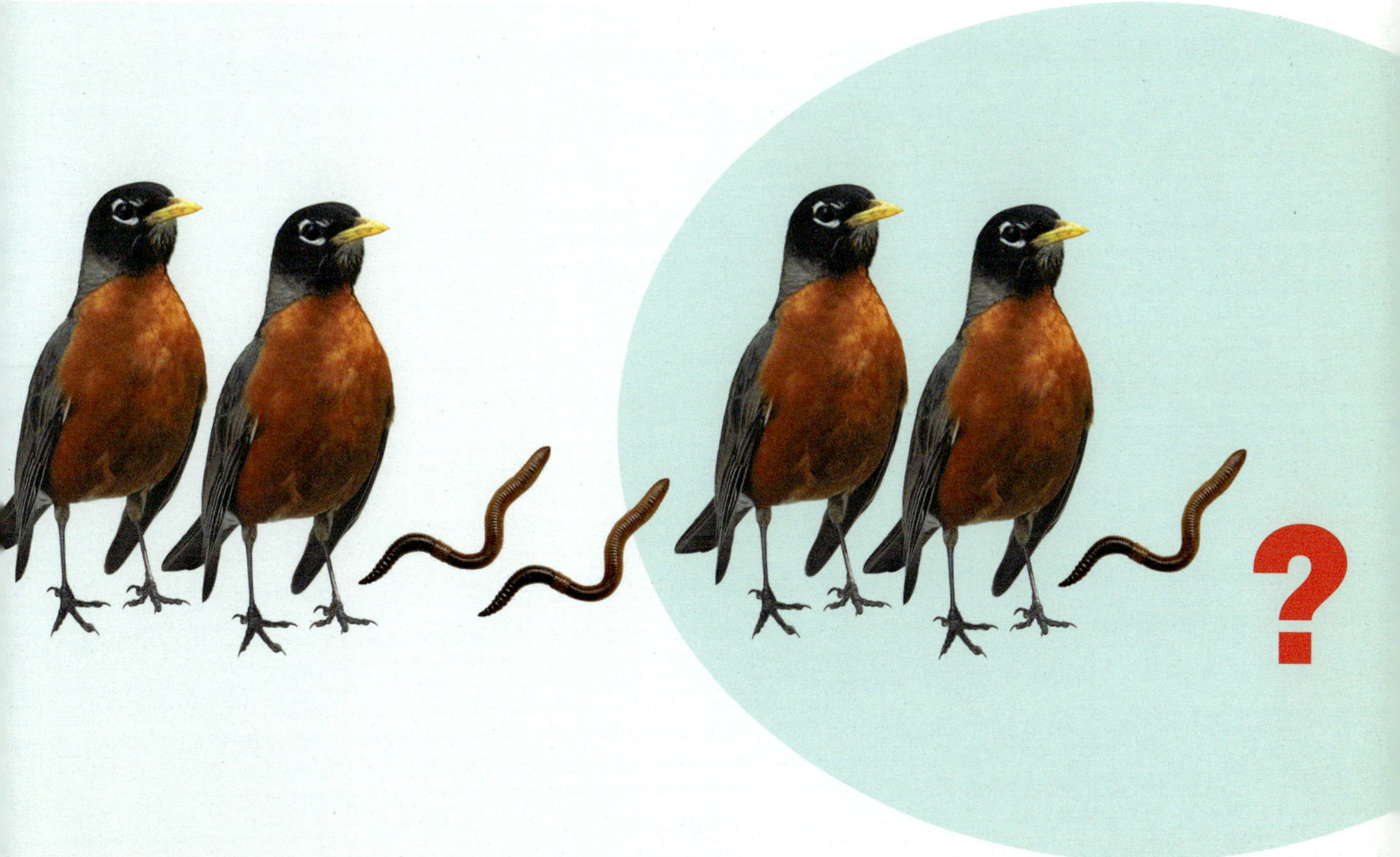

A fly is next.

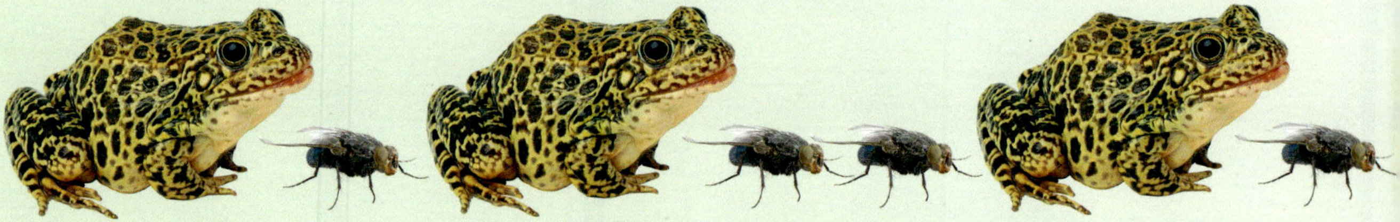

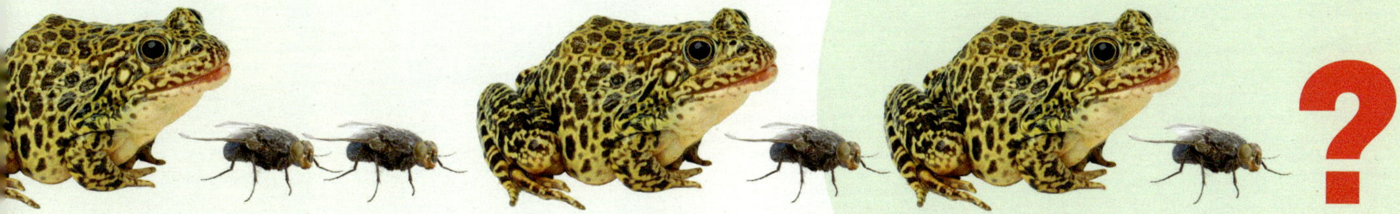

A bone is next.

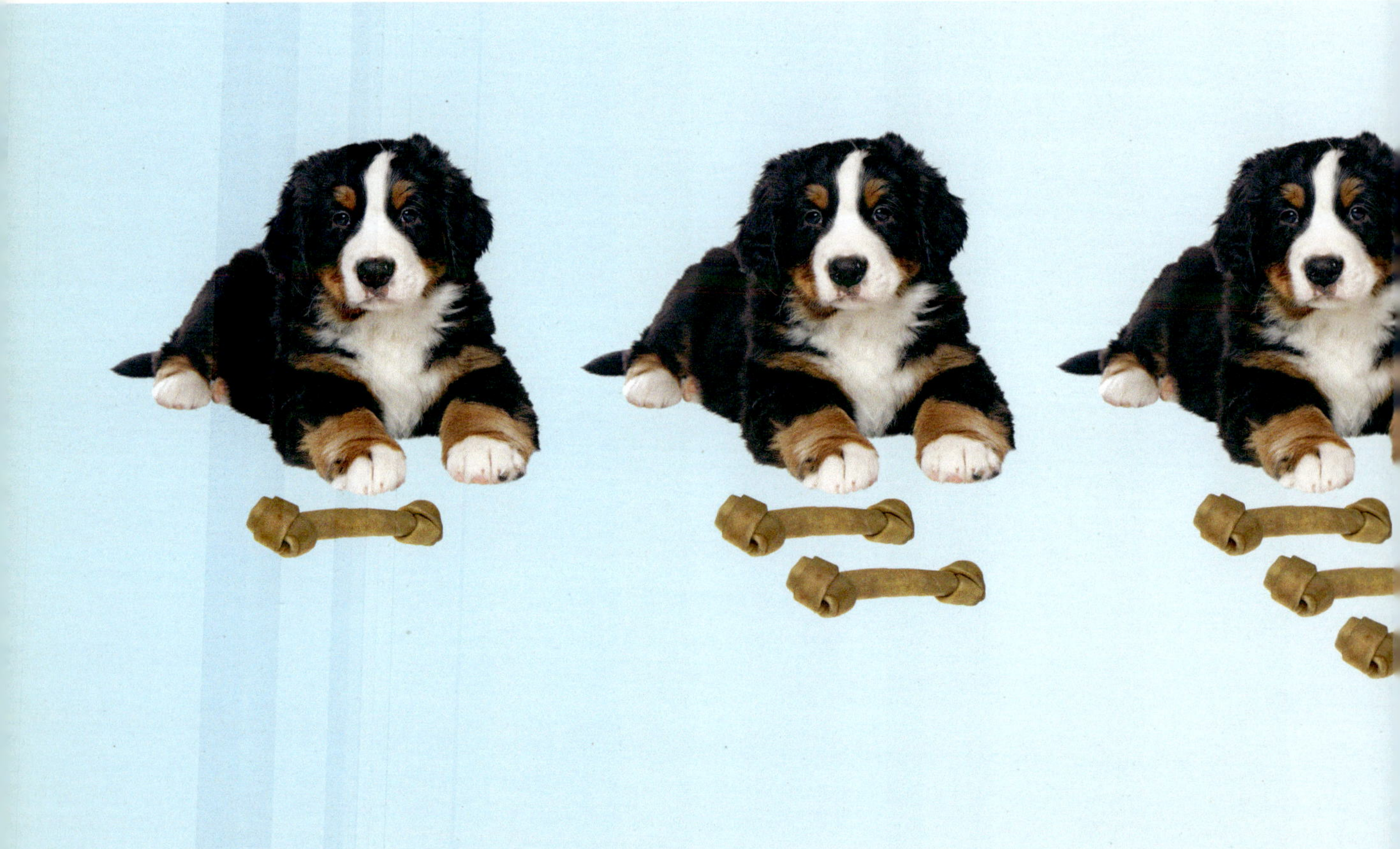

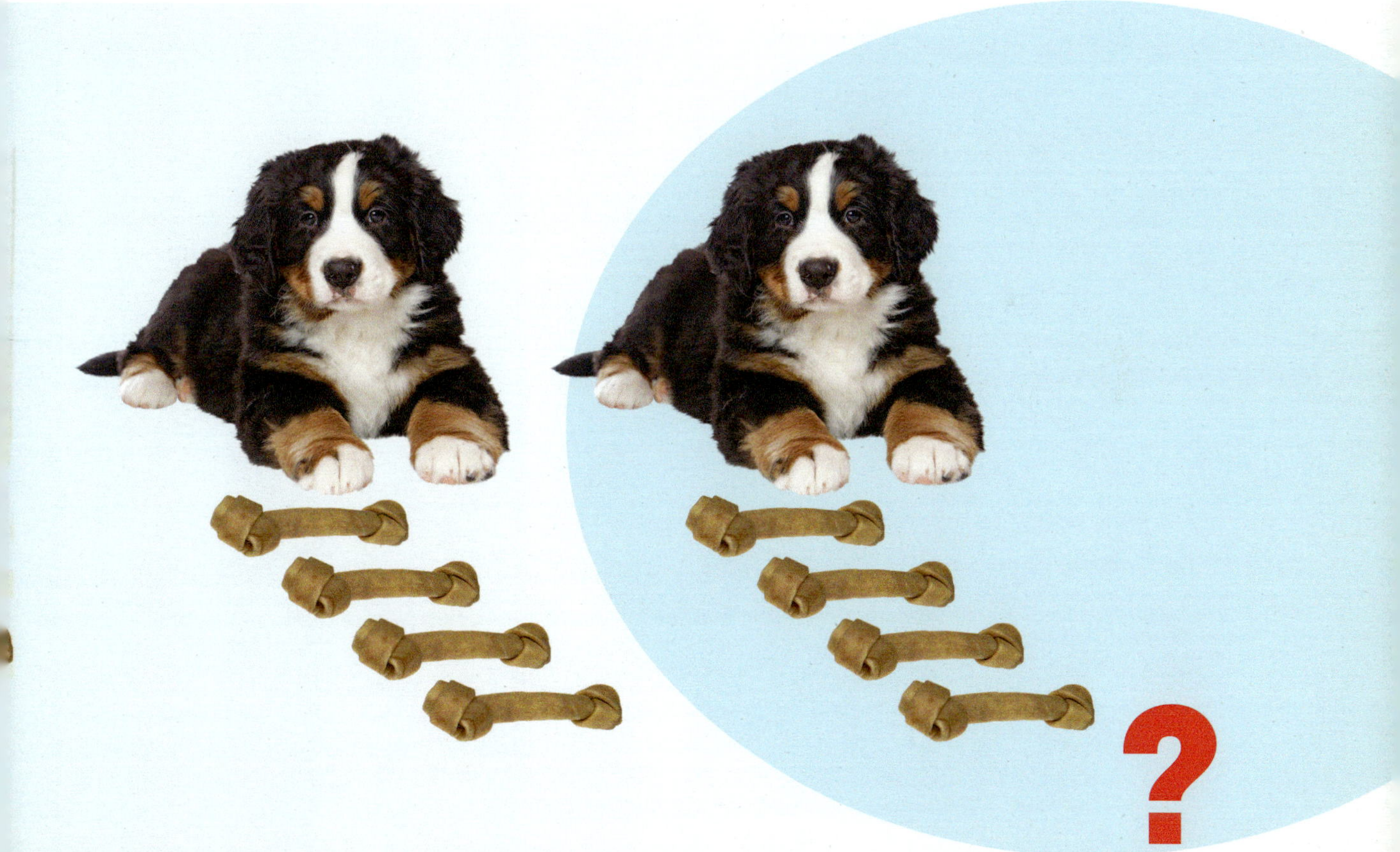

What is next?

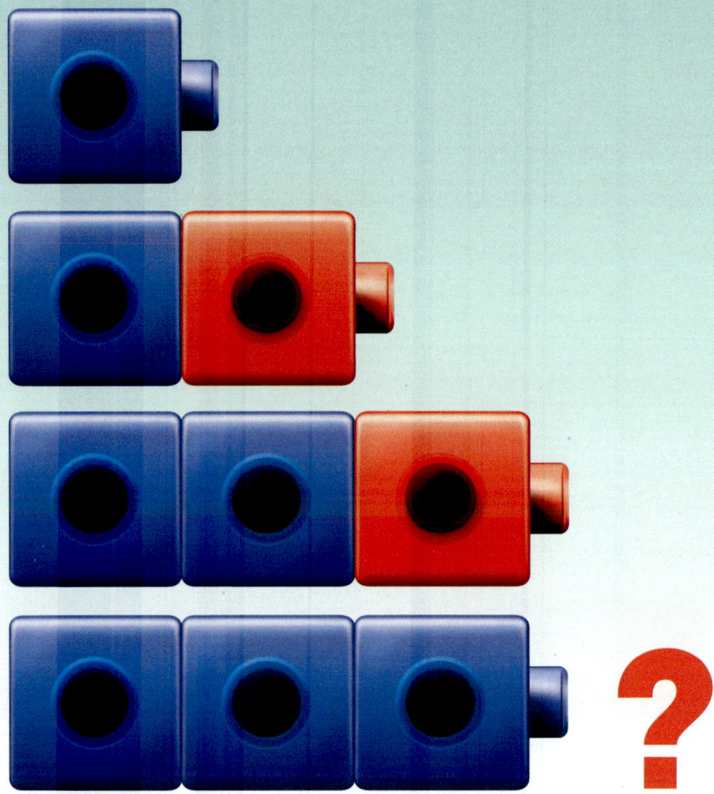